爱上科学
Science
02

My Path to Math

我的数学之路

数学思维启蒙全书

第2辑

位置和方向｜直线、线段、射线和角
平移、翻转和旋转

■ ［美］克莱尔·皮多克（Claire Piddock）等　著

阿尔法派工作室　李婷　译

人民邮电出版社
北京

目 录
CONTENTS

位置和方向

直线、线段、射线和角

平移、翻转和旋转

位置和方向

搬家日

山姆和他的家人搬到了一个新街区。搬家车**在**他家新房子的**外面**，山姆**在**新房子的**里面**。

山姆在他的新房间里，正在收拾东西。他把一个玩具消防车放在了柜子的**顶部**那层，把书放在了柜子的**中间**那层，又把恐龙玩具放在了柜子的**底部**那层。

▶ 山姆在这个正方形的里面。

◀ 卡车在山姆家新房子的外面。

拓展

柜子的底部还放了什么东西？

你能看到搬家车
的里面吗?

向上和向下

　　山姆的房间在新房子的中间那层。他可以沿楼梯**向上**走到三层，也可以沿楼梯**向下**走到一层。

　　山姆可以透过窗户看到前院。他能看到树上有一只鸟，也能看到松鼠跳到了地上。

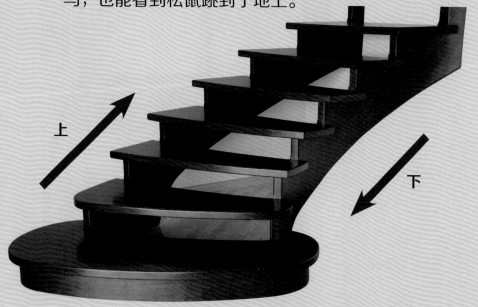

拓 展

　　要爬树的话，你是向上爬还是向下爬？

　　要跳进游泳池里的话，你是向上跳还是向下跳？

当山姆向上看的时候，除了鸟他还可能看到什么？

一个新朋友

山姆看到一个男孩站在他家外面。那个男孩在人行道上向他打招呼，男孩说："你好！到外面来一起玩吧！"

原来那个男孩是他的新邻居，他的名字是杰克，他们很快成为了朋友。之后，他们开始玩捉迷藏。山姆先藏。

山姆藏**在**一棵树**后面，**树挡住了他。树**在**山姆**前面**。杰克费了好大劲儿才找到他!

拓展

填空：

太阳在云朵_____。

云朵在太阳_____。

杰克正沿着错误的
方向找山姆！

在……之前、在……之后、在……和……之间

现在轮到杰克藏了。杰克藏**在**走廊上的许多盒子**之间**，但是山姆还是找到他了。接下来的例子里有许多事物位于一种事物和另一种事物之间。

我是杰克。

"是"**在**"我"**和**"杰克"**之间**。

我9岁了。

8、9、10。

数字9在8和10之间，数字8在9**之前**，数字10在9**之后**。

拓展

山姆住在红鸟街22号。
21、22、23。
23之前的数是几？
21之后的数是几？

22

杰克在盒子之间偷看。

在……上面和在……下面

杰克邀请山姆到他家后院玩。在去之前，山姆问了他的爸爸和妈妈他可不可以去杰克家玩，山姆的爸爸和妈妈说可以。

杰克的朋友凯西也出来玩了。他们在绳梯上爬上爬下，然后他们玩起了"跳山羊"游戏。

在下一页的图片中，凯西**在**山姆**上面**。山姆**在**凯西**下面**。

上面的 ▶

下面的 ▶

拓 展

看看右边的图片！山姆的猫在杰克的狗上面，狗在猫的下面。现在，观察下一页图片中在玩"跳山羊"游戏的孩子们。他们中的谁在下面？

在"跳山羊"游戏中，每个人轮流当下面的"山羊"。

在……上方和在……下方

杰克的妈妈从外面带回了零食。山姆、杰克和凯西围坐在桌边。伞**在**野餐桌**上方**。杰克的狗**在**野餐桌**下方**。

狗在桌子下方等待，看看是否会有人不小心掉下食物。

在……上方 ▶

拓展

在杰克家花园里，一只蜜蜂在一朵花的上方飞舞。一条蚯蚓在花的下方爬行。现在，环顾你的四周。

你的上方有什么？

你的下方有什么？

▲
在……下方

大家在一个游戏与
另一个游戏之间的
间隙吃零食。

左 和 右

　　凯西听到妈妈叫她回家，凯西说她很快就回去了！她就住在街对面。从她家往外看，她能看到杰克家在**左**，山姆家在**右**。

　　在凯西离开后，男孩们开始玩遥控汽车。他们指挥遥控汽车在房子前面向左开、向右开。

　　他们操控遥控汽车开上一个斜坡，之后又让它从斜坡顶部飞驰而下！

拓 展

　　杰克的狗在左，山姆的猫在右。环顾你的四周，说出你左边的事物，再说出你右边的事物。

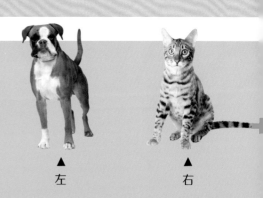

　　　　　　▲　　　　　　　▲
　　　　　　左　　　　　　　右

说出位于步道左边的一样事物的名字。

左　　　右

方 向

山姆的碧翠丝姑姑来了。她从自己家开车过来帮忙搬家。山姆的新家在碧翠丝姑姑家所在的城市旁边的城市。这两个城市彼此**邻近**！

碧翠丝姑姑向山姆和杰克展示了她的开车路线，她指出**东、西、南、北**四个方向。她告诉他们东是太阳升起的方向，西是太阳落山的方向。

如果你面朝东，然后向左旋转90度，你将面朝北。如果你面朝东，然后向右旋转90度，你将面朝南。

东和西是相反的，就像热和冷或大和小那样。南和北也是相反的。

碧翠丝姑姑家在山姆家的哪个方向？东面、西面、南面，还是北面？

地图上的罗盘 ▲ 指示方向。

碧翠丝姑姑的家

山姆的新家

新街区

搬家日最有意思了，从日出到日落一整天都很有趣。山姆喜欢他的新房子。他很开心见到碧翠丝姑姑。山姆、杰克和凯西很高兴和彼此成为朋友。

拓展

观察山姆的新街区的地图（见下一页图）。运用方位词来描述地图上的地方。

学校临近操场吗？

操场是在学校的北面还是南面？

地图上杰克的房子是在图书馆的上面还是下面？这意味着它在图书馆的北面还是南面？

杰克的房子的右边是什么？它在杰克的房子的东面还是西面？

描述学校的位置。

商店

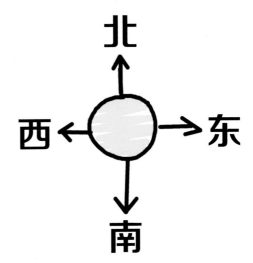

北

西 ← → 东

南

图书馆

杰克的房子

学校

操场

后面两页上的术语解释将会帮助你理解那些描述我们周围事物位置的术语。

术 语

在……上面（above...） 在一个较高的位置。

之后（after） 在有顺序的列表中较晚出现。

之前（before） 在有顺序的列表中较早出现。

在……后面（behind...） 在某种事物的后方。

在……下面（below...） 在一个较低的位置。

在……和……之间（between...and...） 处在隔开两件事物的空间中。

底部（bottom） 最低的部分或位置。

向下（down） 由高处向低处。

在……前面（infront of...） 在某种事物的前方。

在……里面（inside of...） 在某个空间内。

左（left） 面向南时，靠东的一边。

中间（middle） 两个事物之间。

邻近（next to） 最近的或相邻。

在……外面（outside...） 不在某个空间内。

在……上方（over...） 在另一个物体的正上方。

右（right） 面向南时，靠西的一边。

顶部（top） 最高的部分或位置。

在……下方（under...） 在另一个物体的正下方。

向上（up） 由低处向高处。

东 太阳升起的方向，与西相对。

西 太阳落山的方向，与东相对。

南 当你面向日出的方向时向右转90度后面对的方向，与北相对。

北 当你面向日出的方向时向左转90度后面对的方向，与南相对。

乡村集市

乡村集市开放了！集市的指示牌遍布全镇。格雷丝和伊桑将要和萨拉姑姑一起去集市。那是令人兴奋的一天——其间充满了**几何学**！本书中的几何学是指有关点、直线和其他图形的学科。

点是一个只有位置，没有大小的图形。直线是从点出发向两边无限延伸的直的路径。

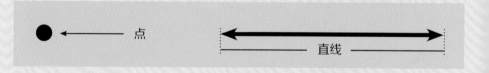

拓展

观察集市的指示牌。找到4个点。

格雷丝和伊桑将要和萨拉姑姑一起去集市。

31

在 路 上

在去集市的路上，他们玩了一个寻找直线的游戏。电线杆间拉直的电话线看起来像一条直线！

萨拉姑姑又解释了**直线**和**线段**的区别。线段是直线的一部分，线段两端有被称作**端点**的点，而直线没有端点。

栅栏柱看起来像线段。

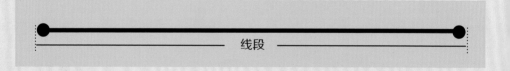

线段

拓 展

用铅笔和直尺在纸上画一条线段。

直线

线段

在本页图片里，你还能找到其他直线和线段吗？

射 线

集市有一个摩天轮。伊桑说摩天轮的中心是一个点。格雷丝说摩天轮的轮辐看起来像一条条线段。

萨拉姑姑说他们说的都是正确的，之后她又解释了一个被称作**射线**的几何概念。她让他们想象摩天轮的轮辐向外侧无限延伸而且没有终点，那就形成了射线。摩天轮的中心是射线的端点。

直线向两边无限延伸，而射线仅能向一边无限延伸，且射线有一个端点。

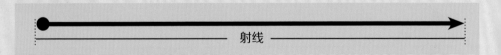

射线

拓 展

想想太阳的光线。

太阳的光线与射线有什么相似的地方？

把摩天轮的轮辐想象成射线。还有哪些物体有像射线一样的轮辐呢？

线段

射线

不同的直线

在棉花糖的摊位前，萨拉姑姑解释了当两条直线同时出现会发生什么情况。

直线可能**相交**或**平行**。相交线彼此交叉，平行线永远不会交叉。线段也可以相交或平行。

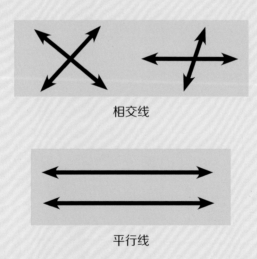

相交线

平行线

拓展

在纸上画出两条相交的线段，然后再画出两条平行的线段。

寻找相交和平行的直线和线段。

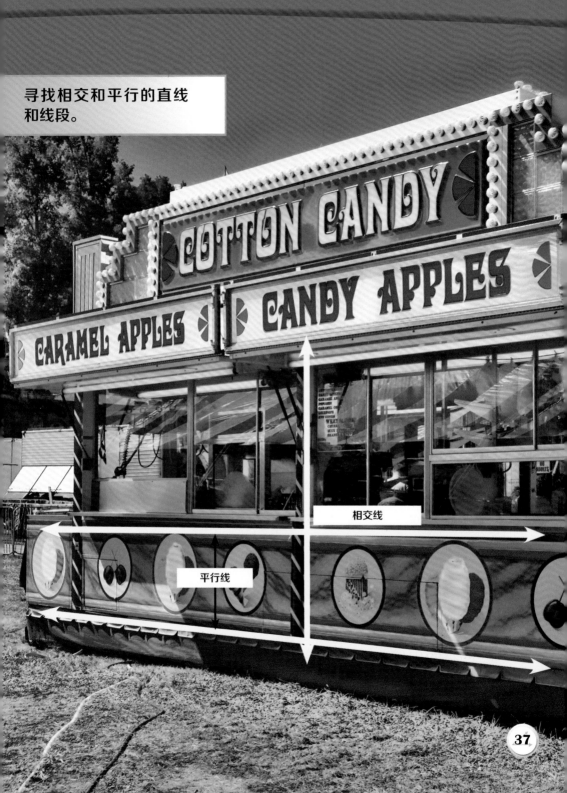

相交线

平行线

互相垂直的直线

在旋转木马前，萨拉姑姑指出了互相**垂直**的两条直线。

互相垂直的直线会以一种特殊的方式交叉，它们交叉的地方会形成直角。互相垂直的线段相交处也会形成直角。

互相垂直的直线

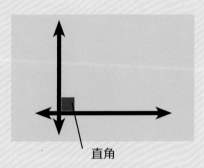

直角

拓 展

如果把两条胳膊直直地向天空伸直，它们看起来像两条平行线。现在，把一条胳膊向上举，另一条胳膊侧平举。现在你的两条胳膊是互相垂直还是平行的呢？

互相垂直的直线

你能找到互相垂直的直线吗？
你能找到互相平行的直线吗？

39

角

摩天轮有射线。

摩天轮也有**角**。

角是由两条射线组成的，且这两条射线共用一个端点，这个端点被称作角的**顶点**。

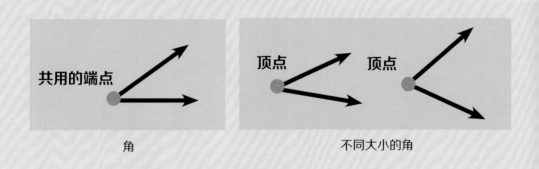

共用的端点

角

顶点 顶点

不同大小的角

拓 展

用你的手指做出不同大小的角。

摩天轮展现了许多不同大小的角。

萨拉姑姑伸出手，她靠手指的张合展现了不同大小的角。

不同的角

就像线有直线、线段、射线等一样，不同的角也有特殊的名称。

直角：互相垂直的两条直线形成直角。

锐角：任何比直角张开程度小的角都是锐角。

钝角：任何比直角张开程度大，又小于两个直角的角都是钝角。

拓展

用你的胳膊把每种角都做一次。
张开角度小一点，做一个锐角。
张开角度大一点，做一个钝角。
在纸上依次画出直角、锐角和钝角。

在本页图片上找到直角、锐角和钝角。

搭乘摩天轮

萨拉姑姑同意带孩子们搭乘摩天轮。当他们在等候时谈论了在他们周围发现的几何图形。

伊桑看到了点和线段。

格雷丝看到了平行的和互相垂直的线段。

萨拉姑姑看到了不同的角。

他们都看到了相交的线段。

你看到了什么？

拓 展

你能在下一页图片里找到多少不同种类的线和角？

角和线无处不在。

我们周围的几何图形

格雷丝和伊桑离开集市时虽然很累，但是很开心。他们学到了许多关于几何图形的知识。通过回答下面的问题，看看你在这本书中学到了什么。

直线和线段有什么不同？

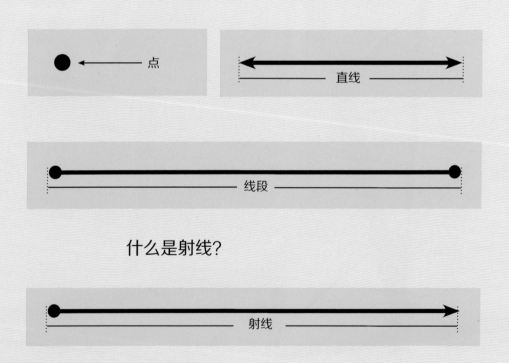

什么是射线？

你在哪里可能看到平行线和互相垂直的直线？

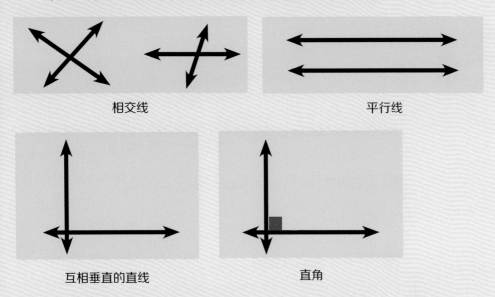

相交线　　　　　　　　　　　　　　　平行线

互相垂直的直线　　　　　　　　　　直角

　　你能说出不同角的名称吗？你可以在接下来的术语解释中找到这些角的名称。

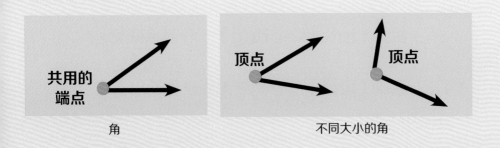

角　　　　　　　　　　　不同大小的角

　　现在你已经掌握了一些有关几何图形的基础知识，你可以在你的身边寻找几何图形了！

术 语

锐角（acute angle） 比直角张开程度小的角。

角（angle） 由两条共用端点的射线组成的图形。

端点(endpoint) 表明线段的两端或射线的一端的确切的位置。

几何学（geometry） 有关点、直线、角和其他图形的学科。

相交（intersecting） 在某点交叉。

直线（line） 向两端无限延伸而没有端点的直的路径。

线段（line segment） 直线的一部分，包含两个端点。

钝角（obtuse angle） 比直角张开程度大，又小于两个直角的角。

平行（parallel） 两条直线永远不相交并且两条直线之间总是间隔同样的距离。

垂直（perpendicular） 两条直线相交形成直角，这两条直线就互相垂直。

点（point） 一个只有位置，没有大小，不可分割的图形。

射线（ray） 直线的一部分，从端点出发向一端无限延伸。

直角（right angle） 互相垂直的两条直线形成的角，看起来像正方形上的角，例如门或书的拐角。

顶点（vertex） 两条或更多条线段或射线共有的端点。

生日快乐

再过不久就是奶奶的生日了！索菲娅想给奶奶制作一张生日贺卡。妈妈帮助她收集材料，并和她一起寻找适合沿着贺卡的边缘放置作为装饰的图形。

她们用不同的方式摆放图形来看效果。妈妈给她讲了有关**图形变换**的知识。在一个平面上，图形移动的不同方式被称作图形变换。

拓 展

你会选择哪个图形来做花边？为什么？

圆　　桃心　　正方形　　小花　　三角形　　帽子

她们将纸对折来做贺卡，准备用各种图形来装饰它。

平移

　　平移是一种图形变换。平移是在平面内，将一个图形沿着某个直线方向移动一定距离。

　　索菲娅决定在贺卡的封面上使用桃心。她先把一个大桃心放在中间位置，然后她沿不同直线方向移动一些小桃心来寻找最佳位置，最后沿边缘将小桃心粘上。索菲娅喜欢这张贺卡的样子。

| 向右平移 | 向左平移 | 向上平移 | 向下平移 | 沿斜对角线平移 |

拓展

　　贴着地面移动你的脚就是平移。试试看平移你的脚：向前平移，向后平移，向左平移，向右平移。

生日快乐

素菲娅的贺卡已
初步成形。

翻 转

妈妈向索菲娅展示了**翻转**。翻转是跨过一条直线移动图形，使图形朝向另一个方向。直线可以是实线，也可以是虚线。直线可以位于任何位置。

跨过一条**垂直的**直线，可以将图形左右翻转。

跨过一条**水平的**直线，可以将图形上下翻转。

拓 展

翻转后的图形就像镜子里的影像。在纸上写下"奶奶"二字，看看这两个字在镜子里的影像是什么样子的。

左右翻转后桃心看起来和原图一样。但是，上下翻转后它看起来就和原图不一样了！

更多翻转

　　奶奶的名字是琳达。她的名字的首字母是"L"。妈妈问："如果你左右翻转'L'会发生什么？"

　　索菲娅跨过一条垂直的直线，将"L"左右翻转，然后她又跨过一条水平的直线，将"L"上下翻转。最后，她决定使用翻转的字母"L"来作为贺卡第二页的边缘的装饰。

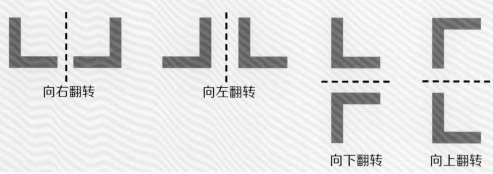

向右翻转　　　　向左翻转

向下翻转　　　　向上翻转

拓展

　　你名字的首字母以各种方式翻转后是什么样子的？你也可以利用图形来探索翻转。

翻转也被称作镜像。

旋 转

妈妈告诉索菲娅**旋转**是另一种类型的图形变换。旋转是围绕一个**点**移动物体。旋转也被称作转动。

旋转运动的方式类似于钟表的指针绕钟表中心的移动。妈妈画了一个水平指向右边的箭头，然后她又画了一个指向下边的箭头（见下页图）。她说："这两个箭头表现了顺时针**旋转四分之一圈**。"

妈妈画了一个水平指向右边的箭头，接着又画了一个指向左边的箭头（见下页图）。她指着这种图形变换，说："这是一个**旋转半圈**的例子。"

拓 展

钟表的分针旋转四分之一圈表示一小时的四分之一已经过去了。旋转半圈意味着半小时已经过去了。分针**旋转一圈**表示什么呢？

▲ 旋转四分之一圈

▲ 旋转半圈

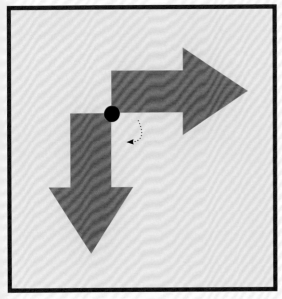

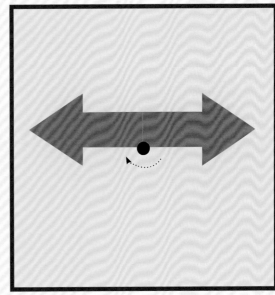

索菲娅假装她的胳膊是钟表的指针!

更多旋转

索菲娅喜欢用图形做旋转变换。

她尝试用桃心做旋转变换。

旋转四分之一圈　　旋转半圈　　旋转四分之三圈　　旋转一圈

然后她用索菲娅的首字母"S"做旋转变换。

旋转四分之一圈　　旋转半圈　　旋转四分之三圈　　旋转一圈

她也试着将小花旋转。

旋转四分之一圈　　旋转半圈　　旋转四分之三圈　　旋转一圈

拓展

"S"旋转一圈后看起来和原来相同。正方形旋转半圈后看起来和原来相同吗？字母"L"呢？

索菲娅送给你的小花

索菲娅在送给奶奶的贺卡的第3页使用了小花。

图形游戏

妈妈想跟索菲娅玩一个游戏。妈妈给出变换前后的两个图形，让索菲娅说出图形是经过了平移、翻转还是旋转。

她们从三角形开始。索菲娅说："这是旋转！"她是对的，但妈妈告诉她，上下翻转也可以完成这种变换。她们继续看向下一道题。

前　　　　　后

索菲娅说："小汽车被左右翻转了。"她又对了。然后她们尝试了一道比较难的题。

前　　　　　后

帽子看起来是一样的。但是索菲娅没有被难倒。"帽子可能经过了平移，也可能是帽子绕着某个点旋转了一圈！"

拓展

尝试将某图形翻转、旋转或平移，再尝试把不同的变换方式组合起来使用，看看会发生什么。

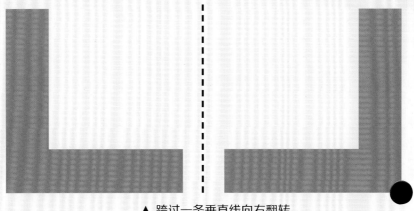

▲ 跨过一条垂直线向右翻转

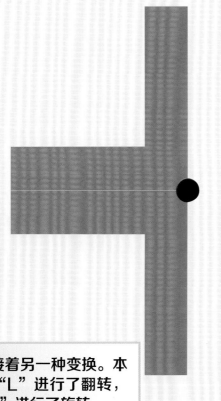

◀ 向右旋转四分之三圈

一种变换可以接着另一种变换。本页上半部分的"L"进行了翻转，下半部分的"L"进行了旋转。

做设计

妈妈向索菲娅展示如何运用平移、翻转和旋转的组合做**设计**。

她画了一个
三角形。

然后她把它向下
翻转。

她将原来的三角形
沿一条边平移。

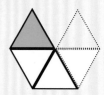

她向右翻转原来的三角
形，再将它旋转半圈。

然后妈妈做了一种被称作**镶嵌装饰**的设计。镶嵌装饰由一些重复出现的图形组成，图形之间不会重叠，也没有空隙。

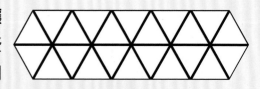

索菲娅给这个图形涂色。

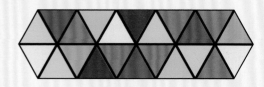

拓展

在纸上画出这个三角形，并把它剪下来。然后将它沿任意方向平移并且将平移后的图形画下来。你也可以做一个这样的设计。

索菲娅在贺卡的背面
做了镶嵌装饰。

移动的图形

生日贺卡完成了！索菲娅在每一页上都使用了平移、翻转或旋转变换。艺术家们也会使用基本的图形并且以不同的方式移动它们来做设计。他们设计时运用了数学知识！你也可以做到！

平移是沿直线将图形向任意方向移动。

翻转是跨过一条直线移动图形，它就像是镜子里的影像。

旋转是围绕一个点移动图形。

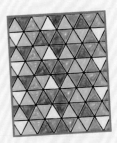

本页展示了图形的
不同变换。

向右平移

向左平移

向上平移

向下平移

沿对角线平移

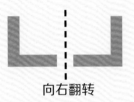
向右翻转

向左翻转

向下翻转　　向上翻转

旋转四分之一圈

旋转半圈

旋转四分之三圈

旋转一圈

旋转四分之一圈

旋转半圈

旋转四分之三圈

旋转一圈

术 语

设计（design） 计划好的模式或安排。

翻转（flip） 图形翻折并跨过一条直线的移动，图形可向左、向右、向上或向下翻转。

旋转一圈（full turn） 图形围绕一个点一直旋转，最终停在原来的位置的一种旋转。

旋转半圈（half turn） 图形围绕一个点转动至整圈的一半路程的位置的一种旋转。

水平的（horizontal） 平行于水面的。如果一条直线是水平的，它就像是平躺的一样。

点（point） 在数学中，点是指没有大小，只有位置，不可分割，不可向任何方向延伸的图形。

旋转四分之一圈（quarter turn） 图形围绕一个点转动至整圈的四分之一路程的位置的一种旋转。

平移（slide）　图形沿直线方向到达新的位置的移动。

镶嵌装饰（tessellation）　平面上重复出现的彼此之间没有重叠也没有空隙的图形组合的设计。

旋转四分之三圈（three-quarter turn）　图形围绕一个点转动至整圈的四分之三路程的一种旋转。

图形变换（transformations）　图形通过平移、翻转、旋转进行的移动。

旋转（turn）　图形围绕一个点做圆周运动。

垂直的（vertical）　与平面或水平线呈直角的。

生日快乐

71